Geld sparen und clever reich werden bis zum Millionär

von

Marco Klee

„Reich wird man nicht durch das, was man verdient, sondern durch das, was man nicht ausgibt."
- Henry Ford

Die Ratschläge in diesem Buch sind vom Autor sorgfältig erwogen
und geprüft worden. Alle Angaben in diesem Buch erfolgen allerdings ohne jegliche Gewährleistung oder Garantie seitens des Verlags oder des Autors. Eine Haftung des Autors bzw. Des Verlags
und seiner Beauftragten für Personen-, Sach- und Vermögensschä-
den ist ebenfalls ausgeschlossen.

Im Selbstverlag herausgegeben. Kontaktperson: Seraina Cavalli/
Bachwisenstr. 7c / 9200 Gossau
swissmissstories@gmail.com
Umschlaggestaltung: Germancreative von Fiverr
Bild: www.depositphotos.com

Inhalt

Lerne vom Sparprofi

Reich sein, viel Geld haben und finanziell frei werden sind sehr angesagte Themen, zu denen es unzählige Bücher gibt. Klar, jeder möchte gerne das Geheimnis kennen, mit welchem man möglichst schnell Millionär wird und all seine Träume erfüllen kann. Solche „Tipps" zum schnellen Reichtum mögen zwar für die ersten in einer Nische funktionieren, alle anderen verlieren leider jedoch meistens Geld dabei. Evtl. hast du sogar bereits eine schlechte Erfahrung mit falschen Versprechungen vom schnellen Geld gemacht.

Sparen ist dabei ein Bereich, den man gerne übersieht. Es klingt spießerisch und zu anstrengend. Warum solltest du dich also für dieses Buch entscheiden? Denn genau darum geht es hier ja: durch Sparen reich werden. Es gibt gleich mehrere Gründe, warum es eine gute Entscheidung war, dass du dieses und kein anderes Buch gewählt hast:

1. Ich lebe nach dieser Philosophie und sie funktioniert

Es hat nicht einfach irgendwelche zusammengetragenen Listen aus dem Internet in diesem Buch, sondern die Spartipps sind wirklich erprobt. Das gute ist, je mehr das Vermögen wächst, desto schneller wird es dann größer, da man einen Teil des Gesparten sicher anlegen kann. Mit 18 Jahren hatte ich 30'000 Fr. auf meinem Konto. Trotz Autoprüfung, Studium und 9 Monaten reisen in Australien und Neuseeland hatte ich mit 23 100'000 auf meinem Sparbuch und mit 28 ein Vermögen von 350'000 Fr. Ich bin also auf einem guten Weg zu einer halben Million und glaube mir, ich genieße mein Leben voll und ganz. Dies führt mich zum nächsten Punkt.

2. Du lernst, wie du sparen kannst, ohne dass du das Gefühl hast, auf alles verzichten zu müssen.

Ich war ein bisschen ein Extrem als Kind. Keine Ahnung, warum ich schon als Kleinkind so sparsam war, denn meine Familie war im typischen Mittelstand. Weder arm noch luxuriös, aber wir hatten alles, was wir brauchten und konnten uns regelmäßige Urlaube leisten. Es gab also keinen Grund, dass ich bereits den größten Teil meines Taschengeldes immer auf die Seite legte, während mein Bruder Süßigkeiten damit kaufte. Aber irgendwie konnte ich gar nicht anders. Ich hatte immer das Gefühl, dass es da noch bessere Dinge gab und ich dann auf jeden Fall genug Geld haben wollte, um mir das leisten zu können. Von 15 bis 24 hat mir das den Spitznamen Sparfuchs eingebracht, der in den Augen der anderen nicht unbedingt positiv vermerkt war. Mit 25 wollte ich dann was ändern. Es konnte ja nicht sein, dass ich mehr Geld hatte als alle meine Freunde, mir jedoch (außer ausgiebigen Reisen) weniger leistete als meine Freunde. Vielleicht scheint es schwierig für dich, das zu verstehen, aber es war sehr hart für mich, mehr Geld auszugeben. Ich musste mich regelrecht zwingen, mir mehr Starbucks Kaffees oder die teurere Pizza zu leisten, wenn ich Lust darauf hatte.

Die großartige Erkenntnis war, dass, auch wenn ich das Gefühl hatte, ich hätte diesen Monat nun total über die Stränge geschlagen, ich immer noch mehr sparte als im Vormonat. Mein gespartes Geld hatte angefangen, für mich zu arbeiten. Ich konnte mir also mit gutem Gewissen mehr leisten und Leute, die mich neu kennenlernen, würden mich nun nicht mehr als Sparfuchs bezeichnen.

Ich erzählte dir diesen kleinen Überblick über mein Leben, damit du verstehst, dass ich wirklich weiß, wie man richtig spart, nun aber gelernt habe, dass man nicht auf alles verzichten muss, um seine Sparziele zu erreichen. Ein guter Mittelweg ist realistisch und wird auch dich nach vorne bringen.

3. Sparen ist der sicherste Weg zur Million

Wusstest du, dass die meisten Millionäre nicht durch glückliche Geldanlagen reich wurden, sondern durch konstantes Arbeiten und schlaues Sparen? Im Buch **„Der Millionär gleich neben an"** von Dr. Thomas J. Stanley und Dr. William Danko heißt es, dass man dem typischen Millionär gar nicht ansieht, wie reich er ist, da er es wählt, in einem normalen Quartier zu wohnen und durchschnittliche Autos fährt. Die Leute, von denen man denkt, dass sie superreich sind, leben nämlich oft über ihren Verhältnissen und der Reichtum ist nur von kurzer Dauer. Dieses Wissen sollte nun eine angenehme Ruhe in dir ausströmen. Denn es bedeutet, dass dir dein ersparter Reichtum keinen Druck mit sich bringen wird. Du wirst nicht mit irgendwelchen Standards mithalten müssen. Du kannst getrost deinen Reichtum genießen, indem du ihn gezielt für Dinge einsetzt, die dir wirklich wichtig sind (Reisen, schön Essen gehen oder ein sportliches Auto), aber du musst nicht auf allen Ebenen beweisen, wie viel Geld du hast. Während sich dein Umfeld dann ständig Sorgen macht, wie sie zum nächsten Monatsende kommen und sich trotzdem ihre Zalando Pakete oder technischen Neuheiten leisten können, lächelst du und betrachtest entspannt deinen wachsenden Kontostand.

4. Du lernst, wie du das Geld für dich arbeiten lässt

Wenn du deine ersten zehntausend gespart hast, kannst du das Geld für dich arbeiten lassen und noch mehr Gewinn erzielen. Du hast keinen Druck, das schnelle Geld machen zu müssen und es wäre auch schade, einen Großteil bei einer Fehlinvestition zu verlieren. Deshalb werden wir einige Investitionsmöglichkeiten anschauen, die auf die Dauer dein Vermögen wachsen lassen.

Nun sind die Punkte geklärt, warum es dir sehr viel bringen wird, wenn du dieses Buch liest. Wenn du also daran interessiert bist, dich zum Millionär zu sparen, lies weiter und tauche ein in Spartipps und den garantierten Sparerfolg (auch schon in kürzester Zeit).

Warum du sparen solltest

Bevor du dich zum Sparen entschließt, musst du deinen Grund festlegen, warum du sparst. Das große Ziel kann sein, dass du Millionär werden willst. Es ist ein gutes Ziel, denn es wird dich anspornen, auch noch weiter zu sparen, wenn du schon mehrere hunderttausend auf deinem Konto hast. Jedoch solltest du auch kleinere Ziele haben, damit du die schnellen Fortschritte siehst und motiviert bleibst.

Finde deine WARUMs!

Es kann sein, dass du dir eine Weiterbildung leisten möchtest, dass du einen gewissen Betrag auf der Seite haben willst, bevor ihr eine Familie startet, dass du endlich einmal nach Japan oder Südamerika fliegen willst oder, dass du gerne ein Auto oder Haus kaufen würdest. Was auch immer deine kleinen Zwischenziele sind, schreib sie dir auf und notiere dir zudem, welchen Betrag du auf deinem Konto sehen möchtest.

Wenn du im Moment auf 0 bist und jeden Monat am liebsten einen Lohnvorschuss haben würdest, ist es nicht realistisch, dass du in einem Jahr auf 200'000 sein wirst. Aber 20'000 bis 40'000 sind gut möglich, wenn du dich an die Spartipps aus diesem Buch hältst.

Gestalte ein Vision Board

Falls du ein visueller Mensch bist, kannst du ein kleines Vision Board von deinen Sparzielen gestalten.
Du klebst Bilder von den gewünschten Gegenständen auf (z. B. Auto, Bilder von schönen Stränden) oder du zeichnest selbst etwas und schreibst dein gewünschtes Vermögen als Zahl auf. So kannst du dir dein Ziel jeden Tag vor Augen führen und wirst konstant daraufhin geführt.
Bestimmt hast du dir nun schon Gedanken gemacht, welches Sparziel du gerne erreichen würdest. Schau dir noch schnell das nächste Kapitel an, bevor du dein Vision Board gestaltest, damit es auch realistisch ist. Du darfst dein Ziel natürlich ein bisschen höher setzen, aber das Erfolgsgefühl wird viel besser sein, wenn du dir ein realistisches Ziel setzt und dann siehst, dass dein Vermögen tatsächlich wächst.

Wie du ein realistisches Sparziel setzt

Wer am Ende des Monats immer auf Null ist, macht offensichtlich etwas falsch. Egal in welcher Lebenssituation man ist, man sollte immer mindestens 20 Prozent des Lohnes auf die Seite legen können. Mit diesem Ziel beginnst du, falls du im Moment Schulden hast oder dein Kontostand weniger als 10'000 beträgt. Du wirst also jeden Monat 20 % deines Einkommens auf die Seite legen, egal wie viel du verdienst. Nun kannst du bereits ausrechnen, wie viel Geld dir das in 5 Monaten bringen wird. Auch wenn es nicht nach viel aussieht, lohnt es sich, zwei Jahre durchzuhalten. Denn wie schon erwähnt, wenn man erstmals einen gewissen Betrag hat, beginnt das ersparte Geld „Kinder zu kriegen".

Falls du schon gut im Sparen bist, kannst du deine Sparquote hochschrauben auf bis zu 50 %. Schau, was möglich ist für dich. Je mehr du sparst, desto schneller wird dein Vermögen wachsen.

Wenn dir das immer noch zu langsam ist, kannst du dich um zusätzliche Einnahmequellen kümmern. Auch dieses Thema werden wir in diesem Buch anschauen.

Nun, aber zu deinem Vision Board. Gestalte es und schreibe dein Vermögen als Zahl auf, welches du an einem bestimmten Datum in den nächsten zwei Jahren erreichen willst. Z. B. 150'000 am 31. Juli 2021.

Wie du deine Ausgaben zurückfährst

Das wichtigste, damit du eine bessere Sparquote erreichen kannst, ist zu wissen, wofür du dein Geld überhaupt ausgibst. Dafür empfehle ich dir wärmstens, eine Budget App zu verwenden. Ich verwende **AndroMoney**. Dort kann ich meine Einnahmen und Ausgaben eintragen und in Diagrammen anschauen, wofür ich mein Geld ausgebe.

Du musst dir einfach angewöhnen, wirklich jede Ausgabe einzeln einzutragen. Führe Kategorien ein wie Snacks, Essen auswärts, Lebensmittel, Miete, ÖV, Auto, deine Hobbys, Alkohol, Reisen, Geschenke, Arztkosten, Medikamente, Shopping von Kleidern, usw.

Wenn du einen genauen Überblick über deine Ausgaben hast, kannst du dich auf Einzelheiten fokussieren, die du ändern musst, um Geld zu sparen. Als erweiterter Schritt kannst du dann einen Budgetplan erstellen, dank welchem du jeden Monat entspannt Geld ausgeben kannst und am Ende des Monats sollten deine Berechnungen aufgehen.

Geldsauger Kategorien und wie man diese Ausgaben minimiert

Nun schauen wir uns einige dieser Geld saugenden Kategorien an und du erhältst Tipps, wie du die Ausgaben in diesen Kategorien zurückfahren kannst. Wahrscheinlich kannst du dich nicht auf alles gleichzeitig konzentrieren, da es sonst ein wenig überwältigend ist. Deshalb findest du am Ende des Kapitels eine Abhakliste mit Budgetzielen. Notiere dir pro Kategorie ein Budgetziel für deine monatlichen Ausgaben und konzentriere dich nach und nach auf mehr Kategorien. Wenn du dein Budgetziel erreichst, kannst du es abhaken. Du kannst die Liste auch kopieren und an deine Zimmertür oder neben das Vision Board hängen.

Alkohol und auswärts feiern

Falls Alkohol bei dir ein großer Kostenpunkt ist, wäre es wertvoll, den Alkoholkonsum drastisch zurückzuschrauben. Vor allem: trinke nicht mehr auswärts. Getränke in Bars und Restaurants ziehen dir die Scheine nur so aus der Tasche. Dann kommt auch noch ein Trinkgeld dazu und schließlich muss man zwischendurch eine Runde für die Freunde schmeißen. Nein! Bei guten Freunden muss man das nicht. Erzähle ihnen von deinem Sparziel und gebe dir ein monatliches Budget, das du für Trinken auswärts benutzen kannst, falls es nötig ist. Überschreite das nicht. Noch besser wäre natürlich, wenn du deine Drinks nur noch zu Hause genießt und deinen Alkohol im günstigsten Laden kaufst, den du findest. Verabredet euch öfters zu Hause und schaut, dass ihr da gute Musik habt. So spart ihr das Geld für den teuren Club.

Snacks zwischendurch

Die täglichen Verführungen von Snacks sind riesig. Einen Schokoriegel zum Pausenbrötchen (wobei auch das Pausenbrötchen wahrscheinlich zu teuer ist, wenn man jeden Tag eins kauft, daher besser selber machen), einen Donut zum Kaffee, eine Tüte Chips für den Feierabend, usw. Falls du dich zum Snacken verleiten lässt, brauchst du von nun an eine gehörige Portion Selbstdisziplin. Kauf nichts mehr an einem Kiosk oder in Restaurants! Am besten verzichtest du ganz auf Snacks und isst nur noch zu den Hauptmahlzeiten. So würdest du laut Intervallfasten auch gleich noch etwas für deine Gesundheit tun. Wenn das jedoch zu hart klingt, entscheide dich wenigstens dafür, deine Snacks bei Discounter Läden zu kaufen oder selber zu backen und dann jeweils mitzunehmen. Keine Spontankäufe unterwegs! Wenn du z. B. immer dieselben Schokoriegel isst, kaufe sie in einer Großpackung, da diese meistens günstiger sind und nimm jeden Tag die Anzahl mit, die du brauchst.

Kaffee

Wenn du ein Kaffeeliebhaber bist, der täglich fünf Kaffees oder mehr trinkt oder jeden Morgen deinen Starbucks Cappuccino brauchst, kann da auf das Jahr hinaus gesehen eine ordentliche Summe zusammenkommen. Berechne das mal. Falls du zu den Starbucks Anhängern gehörst, solltest du, so hart es klingt, deinen Konsum zurückschrauben und dich höchstens einmal im Monat mit einem Starbucks Kaffee belohnen. Im Büro hast du vielleicht Glück und der Kaffee ist gratis oder kostet nur wenig.
Wenn du den Kaffee jedoch unterwegs kaufst, solltest du dir überlegen, eine günstige Maschine anzuschaffen. Für Starbucks Kaffees brauchst du noch einen Milchschäumer und evtl. einen Karamellsirup. So kannst du dir deinen Kaffee jeweils zu Hause zuberei-

ten. Zudem könntest du den Kaffee für den Tag in einer Thermoskanne mitnehmen.

Auch Kaffeekränzchen mit Freundinnen kann man gut nach Hause verschieben, wenn man eine gute Maschine hat.

Rauchen

Ich hoffe sehr, dass du diesen Punkt einfach überspringen kannst, da du schon Nichtraucher bist. Wir alle wissen, dass Rauchen einfach zu teuer ist und zudem auch noch nichts Positives zu deiner Gesundheit beiträgt. Schau daher am besten, dass du es endlich schaffst, ganz mit dem Rauchen aufzuhören und verwende die Hälfte des gesparten Geldes für irgendetwas anderes, das dir Spaß macht oder was du schon lange Mal machen wolltest. So hast du auch einen Ansporn dafür. Es gibt unzählige Möglichkeiten, die es erleichtern, Nichtraucher zu werden (Pflaster, Kaugummi, E-Zigarette), aber das wichtigste ist deine Einstellung. Dass du nicht mehr Rauchen willst. Wenn das nicht geht, suche dir wenigstens günstigen Tabak, um die Zigaretten selber zu drehen oder lass dir Zigaretten von Freunden bringen, die in Asien im Urlaub sind (oder sonst irgendwo, wo das Rauchen noch für einige Cents möglich ist).

Essen auswärts

Um in dieser Kategorie Geld zu sparen, gibt es nur eines: günstig einzukaufen und selbst zu kochen.

Falls du unter der Woche keine Zeit hast, solltest du dir am Wochenende Zeit nehmen, für die Woche vorzukochen. Du könntest auch mit Arbeitskollegen abmachen, dass jeder an einem Tag der Woche die anderen bekocht. So musst du nicht jeden Tag kochen und euer soziales Verhältnis wird zusätzlich gefördert.

Miete

Die Miete ist wahrscheinlich der größte Fixkostenpunkt im Monat. Natürlich brauchen wir alle ein Dach über dem Kopf, aber gerade hier würde es einen riesigen Unterschied machen, wenn man im Monat plötzlich mehrere Hundert weniger bezahlt. Du kannst dir überlegen, ob du aus deiner Wohnung eine Wohngemeinschaft machen willst, damit du dir mit Mitbewohnern die Miete und Nebenkosten (auch Internet) teilen kannst. Falls du noch keine eigene Wohnung hast, ist es am günstigsten, in eine bereits bestehende WG einzuziehen, da du dann nur die Möbel für dein Zimmer kaufen musst. Evtl. sind sogar diese schon vorhanden und sonst gibt es unzählige Facebook Gruppen, in welchen Möbel zu Spottpreisen oder gratis angeboten werden. Dann solltest du dir auch die Lage deiner Wohnung anschauen und nochmals überdenken, wie viele Zimmer du/ihr wirklich braucht. Vielleicht würde sich ein Umzug in eine kleinere Wohnung / einen günstigeren Vorort lohnen.

Auto

Gerade in Deutschland sind Autos ein Statussymbol und je nach Wohnort braucht man schon einen Audi oder BMW. Allerdings ist Autofahren leider ein Verlustgeschäft. Je teurer dein Auto ist, desto mehr schreibst du ab und desto mehr Versicherungen bezahlst du. Mit den heutigen Möglichkeiten muss man allerdings kein eigenes Auto mehr besitzen und trotzdem nicht auf jeglichen Komfort verzichten. Kann man in deiner Umgebung Carsharing nutzen? Oder gar mit dem ÖV oder Fahrrad fahren? Evtl. kannst du das Auto auch mit Nachbarn, Kollegen oder der Familie teilen. Falls Autofahren dein großes Hobby ist, ist das auch in Ordnung. Auf Hobbys wird im letzten Unterkapitel dieses Kapitels noch genauer eingegangen. Da erfährst du, wie du dein Hobby ausübst und es trotzdem noch ins Budget passt.

Kleider, Accessoires

Falls du eine Shoppingqueen bist, musst du hier wohl dein Mindset ein wenig ändern. Man braucht nicht ständig neue Outfits, um gut auszusehen und es reichen auch No-Name Kleider, die gerade Aktion sind.

Gehe nicht aus Langeweile shoppen oder weil es dir gerade schlecht geht. Gib dir ein monatliches Budget, das du für Kleider und Accessoires ausgeben kannst, damit deine Sparquote von 20-50 % insgesamt doch noch aufgeht. Sobald du dieses Budget aufgebraucht hast, solltest du einen großen Bogen um die Warenhäuser und online Anzeigen machen, damit du gar nicht mehr in Versuchung kommst, noch weiter einzukaufen. Noch besser wäre es, gar nicht monatlich zu kaufen, sondern auf die Saisonausverkäufe zu warten und z. B. die Wintermode immer Ende Winter für das nächste Jahr zu kaufen.

Dating

Vor allem als Mann hat man hier das schwere Los, dass es den Frauen imponiert, wenn man sie auf einen Drink oder ein Essen einlädt und gerade, wenn man jemanden kennenlernen will, muss man wohl auch Geld dafür ausgeben. Dies stimmt so nicht direkt. Beziehungsforscher haben herausgefunden, dass erfolgreiche Beziehungen meistens aus Partnern bestehen, die sich durch gemeinsame Freunde kennengelernt haben. Das bedeutet, dass du nicht Nächte lang tanzen gehen musst, um jemanden kennenzulernen. Wenn du dich dann mit jemandem verabredest, schau, dass ihr zu Hause kochen könnt oder etwas unternimmt, das nicht viel kostet. Man könnte Fahrradfahren, Inline Skaten, picknicken, wandern gehen.

Der Fantasie sind da keine Grenzen gesetzt. Dasselbe gilt für online Dating. Warum müssen die ersten Treffen in einem teuren Restaurant, Café oder Bar sein? Wahrscheinlich findet ihr einen besseren Draht zueinander, wenn ihr irgendwie aktiv seid. Das erste Treffen sollte wahrscheinlich nicht gerade bei jemandem zu Hause sein, aber ihr könnt euch ja gut zu einem Picknick in einem Park treffen?

Hobbys

Hobbys sind leider oft teuer. Entweder braucht man das richtige Material, die Lektionen sind kostenintensiv oder es beinhaltet einen sozialen Aspekt, welchen man erfüllen muss. Zum Beispiel, dass man mit dem Sportverein regelmäßig an Wettkämpfe reist und das Geld für Transport, Übernachtung und Verpflegung (Achtung, teurer Alkohol) ausgeben muss.

Die gute Nachricht ist, dass es völlig in Ordnung ist, ein Hobby zu haben. Man will ja schließlich auch für etwas Leben und das hart verdiente Geld für etwas brauchen, das einem Spaß macht. Als Frugalist (Def.: Frugalisten verfolgen das Ziel möglichst früh im Leben finanziell unabhängig zu sein und/oder in Rente zu gehen) solltest du dich allerdings auf ein Hobby beschränken. Was ist dir besonders wichtig? Ist es der Fußballverein, das Fotografieren, das Auto, das Instrument, …? Dafür gibst du dir in deiner Budgetplanung dann auch einen monatlichen Betrag. Dieser kann auch ruhig etwas höher sein, aber dann musst du das Geld wahrscheinlich sonst irgendwo einsparen (z. B. Lebensmittel noch günstiger einkaufen). Was nicht geht ist, dass du fünf verschiedene teure Hobbys hast. In allen Aspekten auf großem Fuß zu leben, passt nicht in die Einstellung eines Sparfuchses. Finde günstige Freizeitbeschäftigungen, damit keine Langeweile aufkommt, in welcher du dann unnötig Geld ausgibst. Günstige Freizeitbeschäftigungen sind z. B. spazieren, Fahrrad fahren, schwimmen, an Flohmärkten Dinge verkaufen, Serien schauen, Bücher lesen (Bibliothek), usw.

Spar Checkliste

Kategorie	jetzige monatliche Kosten	erwünsche monatliche Kosten	Ziel erreicht
Alkohol und feiern			☐
Snacks			☐
Kaffee			☐
Rauchen			☐
Essen auswärts			☐
Miete			☐
Auto			☐
Kleider, Accessoires			☐
Dating			☐
Hobbys			☐

Sparen in jeder Lebenssituation

Du denkst, dass du als armer Student, Elternteil mit kleinen Kindern oder als Rentner keine Möglichkeit zum Sparen hast? Oder du denkst, dass du es sowieso nie schaffen wirst, eine ordentliche Geldsumme zusammenzusparen? Das sind alles faule Ausreden.

Dieses Buch zu kaufen, war schon einmal deine erste gute Entscheidung, auf dem Weg zu einem höheren Kontostand, da du irgendwie an die Möglichkeit glaubst, mehr Geld sparen zu können. Nun ist es an der Zeit den zweiten Schritt zu gehen und auch wirklich zu einem sparsameren Lebensstil zu bekennen. Schaff dir einen Überblick über deine Ausgaben und gib nicht mehr blind Geld aus. Von nun an solltest du von jedem Cent deines Lohnes wissen, wofür du ihn ausgibst. Dann wird dir plötzlich auffallen, wo du locker noch etwas mehr zurückstecken kannst.

Oben hast du die Kategorien kennengelernt, die du von nun an ins Auge fassen musst. Nun folgen noch sieben weitere Punkte, um dich beim Sparen zu unterstützen.

1. Günstig einkaufen

Natürlich hilft es deinem Budget bereits, wenn du nur noch in den günstigsten Läden (Lidl, Aldi, gewisse einzelne Gemüseläden) einkaufst. Es ist jedoch normal, dass wir in verschiedensten Läden unsere Lieblingsprodukte haben und die gute Neuigkeit ist, dass du diesen Einkaufsmöglichkeiten nicht ganz abschwören musst. Du solltest dir allerdings angewöhnen, nur noch Aktionsprodukte zu kaufen. Dein Einkaufskorb sollte zu 80 % mit Aktionen gefüllt sein. 5-10 % können Produkte sein, die du dir gönnen möchtest, obwohl sie nicht Aktion sind (schau einfach, dass du dein Einkaufsbudget einhältst). Die restlichen 10 % sind Produkte, die du wöchentlich brauchst, jedoch fast nie vergünstigt zu haben sind. Bei diesen Produkten musst du anfangen, die Preise in den verschiedenen Läden zu vergleichen und sie dann nur noch da zu kaufen, wo sie am günstigsten sind.

Der zweite Trick, um beim Einkaufen Geld zu sparen, ist, mit einer Einkaufsliste zu gehen und nur mit vollem Magen einzukaufen. Dann wirst du weniger zu Spontankäufen verleitet. Plane dein ungefähres Menü zu Hause und schreibe dir die Zutaten auf. Wie gesagt kannst du auch Freiraum lassen für die Aktionen.

Drittens solltest du beginnen, Rabattmarken und Mitgliedskarten zu sammeln. Von diesen Aktionen kann man als Kunde wirklich profitieren.

2. Das Umfeld informieren

Wenn du das Sparen von jetzt an ernst nehmen willst, wird das vielleicht einige drastische Veränderungen in deinem Lebensstil bringen. Es ist deshalb wichtig, dass du dein Umfeld über dein Sparziel informierst. Sie werden dich bestimmt gerne darin unterstützen, wenn sie verstehen, warum du umziehen möchtest oder plötzlich nicht mehr so oft feiern kommst.

Die fünf Leute, mit denen du am meisten Zeit verbringst, beeinflussen dich auch am meisten. Falls sie es nicht verstehen, warum du deinen Lebensstil änderst, kannst du vielleicht auch Zeit mit Leuten verbringen, die das Mindset des Sparens bereits haben oder gut sind im Budgetieren oder Investieren. Auch ich unterhalte mich gerne mit Menschen, die sich z. B. gut auf dem Immobilienmarkt oder an der Börse auskennen. Man kann immer wieder etwas lernen oder könnte von einem guten Deal hören.

3. Sharing is Caring

Mit all den Möglichkeiten, die wir heute haben, um uns zu vernetzen, ist es überraschend, dass wir größtenteils immer noch so separiert voneinander leben und jeder seine eigenen Küchengeräte, Gartenutensilien, etc. braucht. Mach dir mal eine Liste von Dingen, die du nur einige Male im Jahr brauchst und dann erweiterst du die Liste mit Dingen, die du einige Male im Monat brauchst. Das sind alles Gegenstände, die du gut mit anderen Leuten teilen könntest. Entweder kauft ihr den Gegenstand zusammen und jeder bezahlt einen Teil oder du darfst z. B. den Rasenmäher des Nachbarn benutzen und sie deine Hängematte. Für Autos, Fahrräder und Scooter gibt es gerade in den Städten viele Angebote, dass man kein eigenes Fahrzeug mehr braucht und es ist immer eines in der Nähe der Wohnung zu haben.

Einige Abonnements sind sowieso so aufgebaut, dass man sie gut mit Freunden teilen kann (z. B. Audible oder Netflix). Auch wenn du denkst, dass es ja nur einige Franken/Euro im Monat sind, kommt da ein hoher Betrag zusammen, wenn du mehrere Jahre ein aktiver Kunde bleibst. Falls du niemanden kennst, der diese Services mit dir teilen möchte, kannst du auf Facebook oder in Internetforen nach Leuten suchen. Apropos Internet, wenn du ein gutes Verhältnis zu deinen Nachbarn hast, sollte es doch möglich sein, dass ihr euch das Wi-Fi teilt? Einfamilienhäuser haben schließlich auch nicht in jedem Stock ein separates Wi-Fi und wenn du nicht gerade Informatiker bist, sollte die Geschwindigkeit auch reichen, wenn vier oder fünf Leute gleichzeitig im Internet sind.

4. Zahle sofort

Du musst dir angewöhnen, nur noch Dinge zu kaufen, die du voll bezahlen kannst. Es ist z. B. oft günstiger, wenn du den Krankenkassenbetrag jährlich zahlst und nicht monatlich. Dasselbe gilt für den Kauf eines Autos oder Fernsehers. Es lohnt sich einfach nicht, etwas zu leasen, da du schlussendlich mehrere hundert Euro/Franken mehr zahlst.

Geld zu sparen, heißt manchmal auch, zu verzichten oder zu warten. Umso größer ist dann die Befriedigung, etwas zu kaufen, wenn du weißt, dass du es dir wirklich leisten kannst.
Schaffe dir einen Überblick über die großen Kosten, die jährlich anfallen, und schau, dass du jene Summen bis dann zusammen hast.

5. Bar bezahlen

Die Technik arbeitet zwar gegen diesen Punkt, aber so lange es noch möglich ist, gewöhne dir an, alles in bar zu bezahlen. Wir geben viel gewissenhafter Geld aus, wenn wir physisch Scheine oder Münzen in die Hand nehmen, anstatt einfach nur eine Kredit- oder Debitkarte zücken. Deshalb solltest du auch nicht täglich oder wöchentlich im Internet shoppen. Falls du etwas im Internet kaufen möchtest, warte jeweils 24h, bevor du es kaufst und wenn du es dann immer noch unbedingt brauchst oder möchtest, kannst du es kaufen, wenn es in dein Budget passt.

6. Münzen sammeln

Erinnerst du dich an Kindertage, in welchen du dein Taschengeld oder Geldgeschenke in dein Sparschwein gesteckt hast? Das wirst du nun wieder anfangen :) Tu dir ein Sparschwein oder irgendeinen Behälter zu und gewöhne dir an, jeden Abend alle Münzen aus deiner Geldbörse dort hineinzutun. Wahrscheinlich wird es dir gar nicht groß auffallen, dass du dieses Geld nicht mehr im Portemonnaie hast. Zudem kannst du deinen Freunden sagen, dass sie ihre überschüssigen Münzen jeweils in deiner Sparbüchse lassen können. Viele Leute mögen es gar nicht, Münzen mit sich herumzutragen und sind vielleicht froh, wenn sie dir damit einen Gefallen machen können.

Alle ein bis zwei Monate bringst du diese Münzen dann auf die Bank. Ja, du zahlst das Geld auf dein Sparbuch ein. Es ist noch nicht zum Ausgeben gedacht.

7. Do It Yourself

In Deutschland, Österreich oder der Schweiz ist es oftmals günstiger, wenn man gewisse Dinge selbst herstellt, als sie neu zu kaufen. Dies kann sogar zu einem tollen Hobby werden.

Was man sehr gut selbst herstellen kann, sind Verbrauchslebensmittel wie Gewürze oder Öle mit Geschmacksrichtungen (z. B. Chili oder Knoblauch), Schönheitsprodukte (dieses Buch findet meine Freundin sehr hilfreich: **Naturkosmetik selber machen statt kaufen** von Elena Keller), Dekorationsgegenstände und Geschenke. Bei Geschenken lohnt es sich umso mehr, sich Gedanken darüber zu machen, welche persönliche Note dem Beschenkten Freude machen würde. Die meisten können sich ja selbst alles leisten, was sie sich wünschen und da ist eine selbstgemachte, aber tief durchdachte Geschenkidee viel wert.

Verführungen, die das Sparen erschweren

Obwohl du dir nun fest vorgenommen hast, dein Sparziel zu erreichen, könnte es sein, dass du zwischendurch in alte Muster verfällst. Sei wachsam gegenüber folgenden Situationen und versuche dann, den Kauf nicht zu machen oder eine günstigere Alternative zu wählen. Auch wenn es im ersten Moment schwierig ist, wirst du dich nachher gut fühlen, dass du widerstehen konntest.
Gedanken in jenen Situationen könnten sein:

- Es ist ja nur ein kleiner Betrag

Du siehst spontan etwas, das dich anspricht und da es in deinen Augen günstig erscheint, wird es ja schon nicht schaden, wenn du es kaufst. Falsch, denn wenn du jeden Tag solche Gedanken hast, werden sich auch diese kleinen Beträge zu großen Summen zusammenrechnen. Fakt ist, dass du diesen Gegenstand oder diese Essware eigentlich nicht brauchtest und nur ein momentaner Impuls das Verlangen danach auslöste (z. B. Werbung oder ein leckerer Geruch).

- Ich will vor meinen Freunden nicht als Geizhals dastehen

Es wird nicht immer einfach sein, in einer Gruppe wenig Geld ausgeben zu wollen, wenn die anderen nicht die gleiche Einstellung haben. Allerdings bist du kein Geizhals, sondern du kümmerst dich momentan um deine Finanzen. Wenn du krank bist, verzichtest du auch für eine Weile auf Sport oder fastest, bis dein Körper wieder fit ist. Nun ist es dein Ziel, deinen Kontostand aufzubessern und auch wenn deine Freunde es anders sehen, solltest du an deinem Ziel festhalten. Es ist gut möglich, dass du dich finanziell frei sparen kannst und in 10 – 15 Jahren nicht mehr als Angestellter arbeiten musst oder beruhigt auf eine staatliche Rente verzichten könntest, da du selbst über genügend finanzielle Mittel verfügst. Deine Freunde werden dann immer noch im selben Teufelskreis stecken und Ende Monat auf null sein und du kannst auch dann noch gelassen ein Bier trinken gehen.

- Wenn ich das nicht habe, bin ich völlig out

Wenn du dich bis zum Millionär sparen willst, solltest du auch anfangen, dich wie ein typischer Millionär zu verhalten (Buch: Millionär gleich neben an). Du brauchst nicht immer die neusten Gadgets oder Markenartikel. Es ist der Druck der Werbung und die Einstellung unserer Konsumgesellschaft, die das Verlangen nach einem Gegenstand in uns wecken. Versuche, Werbung zu ignorieren, indem du am Fernseher keine Werbung schaust und dich am PC nicht von Inseraten ablenken lässt. Evtl. würde es auch helfen, ein Buch über Minimalismus zu lesen, damit du verstehst, wie man, ohne ständig das Neuste zu besitzen, durchaus glücklich sein kann.

Was du mit dem ersparten Geld machen solltest

„Die Sparsamkeit ist die Tochter der Vorsicht, die Schwester der Mäßigung und die Mutter der Freiheit."
- Samuel Smiles

Als erstes, musst du dir deine **finanzielle Sicherheit** ansparen. Es kann nicht sein, dass du zu den Leuten gehörst, die weniger als 1000 Euro oder Franken auf ihrem Konto haben. Die finanzielle Sicherheit ist das Geld, welches du in drei Monaten brauchen würdest. Also deine monatlichen Ausgaben mal drei. Wenn du in der Schweiz günstig lebst, kannst du als alleinstehende Person oder Paar gut mit 2500 Fr. pro Person pro Monat leben. Dein finanzieller Schutz wäre also 7500 Fr.

Berechne diese Summe nun für deine Lebenssituation. Dein erstes Ziel ist es, so viel auf dein Sparkonto zu sparen. Auf dem Sparkonto gibt es mehr Zins als auf dem Lohnkonto, auch wenn das in der heutigen Zeit leider auch praktisch nichts ist. Falls du nun deinen Job verlierst oder etwas Unvorhergesehenes geschieht, weißt du, dass du ein Geldpolster von drei Monaten hast. Das beruhigt. Dieses Polster fasst du nicht an, sogar wenn du plötzlich die Möglichkeit hast, dein Traumauto oder Traumhaus zu kaufen, denn sonst sitzt du schnell in der Schuldenfalle.

Alles, was du dir danach ansparst, kannst du in verschiedene, sichere Anlagen stecken. Diese 20-50 % von deinem Lohn teilst du also in Teile ein, welche du dann monatlich oder vielleicht vierteljährlich investierst. Wir investieren in verschiedene Dinge, damit zumindest ein Teil sicher ist, falls es Probleme mit dem Finanzsystem oder dem Häusermarkt gibt. Zudem sollten 90 % deiner Investitionen als „sichere Investition" betrachtet werden. 10 % deiner monatlichen Sparquote könntest du für spekulative Investitionen ausgeben, falls du gerne mit dem Risiko spielst. Ich halte mich allerdings davon fern, da ich bis jetzt bei Risikoinvestitionen meistens Geld verloren habe.

Du musst bei den folgenden Investitionen zudem langfristig denken. Über die Jahre wird das Geld wachsen und aus den Gewinnen könntest du dann neue Investitionen tätigen. Der Gedanke vom schnellen Geld musst du allerdings begraben. Zu oft habe ich gesehen, wie Leute in unserem Finanzclub auf eine Hype-Welle aufspringen und dann vielleicht schnell Mal 20'000 oder sogar 50'000 Fr. gewinnen und ein halbes Jahr oder Jahr später plötzlich in den Schulden sitzen. Das heißt, auch wenn du mit deinen 10% Risikoinvestitionen plötzlich eine ordentliche Geldsumme erhältst, solltest du dich dann nicht von der Gier erfassen lassen und noch mehr investieren oder deinen Lebensstil plötzlich wieder zu einem Luxus-Jetsetter hinaufschrauben. Wer zuletzt lacht, lacht am besten und dies gilt auch für die langsamen, aber kontinuierlichen Sparer.

Sparkonto

Einen Teil deines ersparten Geldes solltest du auf einem Sparkonto lassen. Es gibt zwar, wie bereits erwähnt, nicht viel Zins, jedoch ist es immer gut, finanziell flüssig zu sein, falls dann doch eine Trauminvestition auftaucht. Es empfiehlt sich jedoch, das Geld auf verschiedenen Banken zu lagern, falls dann doch eine pleitegehen sollte. Schau, dass du auf jeder Bank nur bis zu 100'000 auf dem Konto hast. Ein weiterer Vorteil, wenn man mehrere Konten hat, ist es, dass man von den verschiedenen Bonusprogrammen der Banken profitieren kann. Manche haben vielleicht einen gratis Museumspass oder vergünstigte Konzerttickets, etc.

Vor- und Nachteile vom Sparen auf dem Sparkonto:

+ mehr Zins als auf dem Lohnkonto, man ist finanziell flüssig, es ist motivierend, zu sehen, wie der Kontostand monatlich steigt

- das Geld verliert durch die stetige Inflation an Wert und ist Finanzkrisen völlig ausgeliefert, vom Sparkonto kann man vierteljährlich meistens nur einen gewissen Betrag abheben (um die 20'000) ansonsten muss man extra Gebühren bezahlen.

Gold und Silber

Mit Gold und Silber hast du einen festen Wert, der stark ansteigen kann, wenn es eine Inflation oder Deflation gib. Auch wenn Geld seinen Wert verliert, wirst du mit Gold und Silber handeln können, da es ein sicherer Wert ist. Deshalb solltest du einen kleinen Prozentsatz von deiner Sparquote in handfestes Gold oder Silber investieren. Mit handfest meine ich, dass du das Metall bei einem Goldhändler abholst und bei dir zu Hause oder in einem Safe bei einer Bank lagerst. Es gibt auch die Möglichkeit, Gold zu kaufen, das dann irgendwo gelagert sein soll. Allerdings wird den Leuten auf diese Weise mehr Gold verkauft, als überhaupt vorhanden ist und wenn du das Metall dann tatsächlich willst, bekommst du es vielleicht nicht oder es dauert ewig, bis es bei dir ist. Deshalb entweder monatlich, vierteljährlich oder jährlich physisch Edelmetalle kaufen. Wie bei Aktien kannst du Kursschwankungen eher ausgleichen, wenn du in regelmäßigen Intervallen kaufst. Oder du vergleichst den Kurs und kaufst zu einem Zeitpunkt, zu welchem du denkst, dass Gold oder Silber günstig ist.

Das Negative an Gold oder Silber ist, dass du keine wiederkehrende Einnahmen davon generieren kannst. Wir erhoffen uns, dass wir es einmal mit einem großen Gewinn verkaufen können oder es in der Zwischenzeit weniger der Inflation ausgesetzt ist, aber leider liegt das Geld in der Zwischenzeit festgebunden ans Metall herum.

Immobilien

Hättest du in Europa in den letzten 20 Jahren eine Immobilie gekauft, hättest du nichts falsch machen können. Die Hypothekarzinsen liegen in der Schweiz bei 1 % und der Wert der Immobilie steigt Jahr um Jahr. Deshalb sind jedoch im Moment auch die Preise für Immobilien sehr hoch. Eigentlich zu hoch. Jedoch dachte man das wohl schon vor 10 Jahren und trotzdem wurde alles immer noch teurer. Hier ist die Frage, ob es nun tatsächlich bald einmal zu einem Crash kommt und die Immobilienpreise (und auch der Wert der Häuser) fallen oder ob es nochmals 10 Jahre so weiter geht. Dies ist schwer einzuschätzen, aber grundsätzlich wäre eine Immobilie eine gute Investition, da man auch während einer Finanzkrise „gratis" darin wohnen kann, solange man die Hypothek bezahlen kann. Berechne einmal, wie viel Miete du pro Jahr zahlst ... Da lohnt sich eine eigene Wohnung oder ein Haus schnell einmal. Auch wenn man nicht selbst darin wohnt, sind Mieteinnahmen eine gute Zusatzeinnahmequelle, die relativ sicher ist, jedoch höchstens um die 5 % des investierten Kapitals pro Jahr liegt.

Allerdings braucht man für eine Immobilie meistens ziemlich viel Eigenkapital und falls du erst gerade zu sparen beginnst, wird die Anschaffung einer Immobilie nur klappen, wenn du monatlich Geld dafür auf die Seite legst. Schneller ginge es, wenn du dich mit vertrauensvollen Menschen zusammen tun kannst (z. B. Familienmitglieder) und ihr zusammen eine Immobilie kauft und euch entweder die Mieteinnahmen dann gerecht teilt oder du ihnen eine Miete zahlst.

Von einer Immobilienanschaffung ohne Eigenkapital würde ich mich vorerst fernhalten, da dies meistens viel höhere Hypothekarzinsen mit sich bringt, was deine monatlichen Fixkosten dann wieder in die Höhe treiben würde (was wir ja vermeiden wollen.)

ETF Fonds

Auch mit Aktienkäufen konnte man über die letzten 80 Jahre gesehen nur gewinnen. Es gibt zwar immer wieder die eine oder andere Finanzkrise, aber langfristig gesehen, gingen die Aktien aufwärts. Nun befinden wir uns im längsten Intervall ohne große Finanzkrise, was viele dazu veranlasst zu denken, dass es bald groß kracht. Gute Gedanken dazu findest du im Buch „Machtbeben: Die Welt vor der größten Wirtschaftskrise aller Zeiten - Hintergründe, Risiken, Chancen" von Dirk Müller.
Das Problem wäre also, wenn du nun Aktien kaufst und einige Monate später kommt der heftige Crash. Denn dann hast du erstmals für lange Zeit Verlust gemacht. Allerdings wird sich auch dieser Verlust irgendwann wieder erholen. Sehe Aktien deshalb als

langfristige Investition, vor allem, wenn du dich noch nicht groß mit Aktien auseinandergesetzt hast. Für den Fall, dass der Crash doch bald kommt, solltest du einen Teil deiner Sparquote auf die Seite legen, damit du dann groß investieren kannst, wenn alle Kurse so richtig im Keller sind. Genau in jenem Fall brauchen wir Liquidität.

Was sind nun aber ETFs? **E**xchange-**T**raded **F**unds sind Investmentfonds, also Töpfe mit verschiedenen Aktien, die einen Aktienindex nachbilden und schlagen wollen. Bekannte Aktienindexe sind der SMI (Swiss Market Index, mit den größten Aktienunternehmen der Schweiz) oder der DAX (Deutscher Aktien Index, mit den 30 größten deutschen Aktienfirmen).

Du wählst dann einen ETF aus und kaufst Anteile davon in dein Portfolio. Der ETF verfolgt eine von drei Methoden, um diesen Index nachzubilden. Z. B. die Sampling-Methode, bei welcher er Aktien von den am stärksten gewichteten Unternehmen kauft.

Dies läuft alles passiv, sobald du dich für einen ETF entschieden hast. Du musst also nicht täglich Kurse studieren, sondern lässt das Geld investiert und wachsen. Ein weiterer Vorteil von ETFs ist, dass du nicht für jeden Kauf oder Verkauf von Aktien Gebühren zahlen musst, was beim einzelnen, aktiven Handeln der Fall ist. Du zahlst eine geringe, jährliche oder vierteljährliche Gebühr.

Ein Negativpunkt könnte sein, dass du keinen direkten Anspruch auf deine Dividenden hast, falls Dividenden ausgeschüttet werden. Mit den Dividenden werden meistens noch mehr Aktien gekauft. Somit wächst dann jedoch dein Portfolio und du hast schlussendlich auch Gewinn gemacht.

Auf Justetf.com (https://www.justetf.com/de/how-to/invest-in-switzerland.html) findest du ETFs, in welche du investieren könntest. Es wird sogar aufgezeigt, wie deine Gewinne aussehen könnten.

Um ETFs kaufen zu können, brauchst du ein Aktienportfolio. Ich würde dir empfehlen, dies unabhängig von einer Bank zu machen, da Onlineportfolios oft bessere Konditionen haben. **Swissquote** oder **Comdirect** wären solche Betreiber.

Aktien bekannter unternehmen

Wenn du dich für Aktien interessierst und die Kurse verfolgst, hast du wahrscheinlich auch Lust, selbst mit Aktien zu handeln und nicht nur auf Fonds zu vertrauen.

Wenn du selbst handelst, solltest du aber trotzdem nicht risikoreich spekulieren. Konzentriere dich am besten auch nur auf Aktien von großen oder bekannten Unternehmen (z.B. Apple, Google, Nestlé).

Die zweite Strategie wäre, Aktien von Unternehmen zu kaufen, die du (und viele andere, die du kennst) gut finden. Hätten zum Beispiel Kettenraucher vor 20 Jahren nur schon einen Teil von ihrem Geld für Zigaretten in Philip Morris Aktien investiert, wären sie heute Millionäre. Auch mit Starbucks hätte ich viel Gewinn gemacht, wenn ich diese Strategie verfolgt hätte. Beim Aktienhandel kann ich definitiv noch etwas dazu lernen. Im Moment sind Amazon, Netflix und Lululemon interessant. Welche Unternehmen kommen dir in den Sinn?

Hier ist das negative, dass du vielleicht genau zum falschen Zeitpunkt kaufst und dich jeder Kauf oder Verkauf etwas kostet.
Das positive ist, dass du kurzfristig kaufen und verkaufen kannst und somit über wenige Tage Gewinne erzielen kannst, wenn du im richtigen Moment investierst. Zudem erhältst du die Dividenden von den Aktien, die du behältst, falls sie Dividenden ausschütten und du darfst an die Aktienversammlungen gehen, welche einmal im Jahr stattfinden. An den Generalversammlungen erhältst du interessante Infos und Zahlen zum Unternehmen, hast ein Mitspracherecht und wirst vielleicht auch noch gut verköstigt.

Kredite verleihen

Dies erwies sich in meinem Bekanntenkreis als die gewinnbringendste Investitionsform. Es bedeutet, dass du vertrauensvollen Leuten ein Darlehen gibst und sie dir dafür einen monatlichen Zins zahlen. Natürlich könnten sie auch bei der Bank einen Kredit anfragen, aber diese sind je nach Situation nicht einfach zu bekommen und zweitens bringen diese Kredite scharfe Konditionen und einiges an Papierkram mit sich. Auch du solltest mit deinem Darlehensnehmer einen schriftlichen Vertrag aufsetzen. Eine Vorlage dazu findest du z.B. auf Financescout24.de. Dieser Vertrag muss betreffend der Summe und der Zinszahlungen vom Darlehensnehmer eingehalten werden. Ansonsten dürftest du die Person betreiben, was allerdings kein tolles Gefühl ist. Wäge deshalb gut ab, ob dein Darlehensnehmer kreditwürdig ist. Das heisst, wird dir die Person regelmäßig den Zins zahlen können und das Geld am Schluss auch wieder zusammenhaben oder hat die Person sowieso immer Probleme mit Geld? Hat die Person vielleicht noch einen Sachwert wie eine Immobilie, worauf du im Notfall Anspruch haben könntest?

Damit es sich für dich lohnt, solltest du auf einen Jahreszins ab 4 % kommen.

Wofür der Darlehensnehmer das Geld schließlich braucht, kann dir egal sein, sofern du dir sicher bist, dass du dein Geld und den Zins zurückerhalten wirst (Darlehensnehmer braucht ein festes Einkommen). Möglichkeiten einer Unterstützung durch einen Kredit wären, wenn jemand eine teure Zusatzausbildung machen möchte, den Urlaub vorfinanzieren muss oder eine Investition tätigen will.

Zudem gibt es Onlineplattformen, die einem Kreditinvestitionen vereinfachen. Allerdings sehe ich diese Art Onlineinvestitionen bereits als riskant an, da die Plattformen von heute auf morgen schließen könnten. Falls du in deinem Investitionsteil des Budgets jedoch noch Geld übrig hast, könntest du bei Mintos (http://www.mintos.com/de/l/ref/CCXDPN)
oder Bondora (https://bondora.com/ref/BO94673K7) mal mit 500 Fr. oder Euro einsteigen. Über die letzten zwei Jahre hatte ich auf beiden Plattformen um die 10 % gewinn. Wie gesagt ist dies allerdings eine weniger sichere Investition als andere erwähnte Möglichkeiten in diesem Buch.

Abschließende Gedanken zu Investitionen

Du siehst, das Geld, das du dir ansparst, ist nicht dafür gedacht, für deine Hobbys oder Träume auszugeben. Denn diese Investitionen werden dir schlussendlich helfen, dass dein Geld viel schneller wächst. Von deinen Gewinnen (z. B. Dividenden oder Mieteinnahmen) kannst du einen Teil wieder investieren oder dann tatsächlich für deine Träume verwenden. Es wäre allerdings eine schlechte Art des Sparens, wenn du sagst, okay, ich spare jetzt Mal 20'000 und gehe dann ein Jahr reisen und haue alles raus. Dann bist du ja nach deinem Jahr Reisen wieder am gleichen Punkt wie vor der ganzen Spararbeit. Diese Träume (z. B. Reisen) musst du nebst der Sparquote in dein Monatsbudget einbauen. Ich reise ständig. Jetzt gerade 6-9 Monate durch Südamerika. Da ich meine Reisen aber in jedem Gehalt budgetiert hatte, werde ich nicht mit weniger Geld zurückkommen, als ich vorher hatte. Früher war dies nur bei kürzeren reisen möglich, da ich ja eine regelmäßige Einnahmequelle brauchte. Mittlerweile kann ich allerdings von meinen Investitionen und meinen Büchern leben, was natürlich auch ein Traum ist. Somit ist es eigentlich günstiger für mich, durch das Ausland zu reisen und die Welt zu sehen, als in der teuren Schweiz einen Alltag zu führen :)

Falls du gerne wissen möchtest, wie du mit Bücher schreiben Geld verdienen kannst, kannst du dich über diese Webseite: www.schreibeinbuch.wordpress.com für einen gratis E-Mail-Kurs anmelden. Im Moment steckt das Angebot noch in den Babyschuhen, aber es sollte bald erweitert werden. Du kannst also von Anfang an mit dabei sein und erhältst frisches Wissen.

Wie man nebst Investitionen zusätzlich an mehr Einnahmen gelangt

Um deinen Kontostand noch schneller aufzubessern, anstatt nur auf ein sparsames Leben zu setzten, kannst du natürlich auch zusätzliche Einnahmen durch einen Nebenjob generieren.

Nebenjob als Angestellter

Wenn es deine Hauptarbeit zeitlich zulässt, kannst du dir gut noch einen zweiten Teilzeitjob angeln. Dies kann eine Art Studentenjob sein. Zum Beispiel, in einer Bar, einem Club oder einem Restaurant arbeiten, im Kino, Theater oder Fußballstadion an der Kasse oder als Platzanweiser, Fahrradkurier oder Promotor von Produkten arbeiten. Es gibt unzählige Möglichkeiten an Nebenjobs. Dies war nur eine kleine Auswahl. Das Tolle an Nebenjobs ist, dass man sie mit einem Hobby verbinden könnte. Ich habe z. B. eine Zeit lang im Kino gearbeitet und konnte, nebst dem Lohn, auch noch alle Filme gratis sehen. Zudem gehe ich sehr gerne an Messen und habe da auch schon oft an Ständen mitgearbeitet. So lernt man die anderen Händler kennen und in der Freizeit kann man gratis durch die Messe schlendern.

Nebenjob als Selbständiger

Auch hier sind die Möglichkeiten grenzenlos. Meistens ist es jedoch sehr zeitintensiv, bis man als selbstständiger wirklich Geld verdient. Deshalb solltest du dich auf einem Gebiet selbstständig machen, worin du bereits sehr gut bist oder, was dich sehr interessiert. Du könntest z.B. einen Massagekurs machen und in einem Studio Massagen anbieten (oder Yoga, Reiki usw.), putzen gehen, Hunde spazieren führen oder sonstige Haustiere hüten, dekorative Torten für spezielle Anlässe backen, Gegenstände auf Amazon verkaufen oder einen One-Page Shop zu einem beliebten Produkt kreieren.

Falls du in deinem Hauptjob Potenzial siehst, könntest du auch in der Freizeit für andere Kunden zusätzliche Services anbieten. Z. B. als Informatiker, sehr spezialisierter Fachmann und als Lehrer hat man gut die Möglichkeit dazu.

Budget erstellen

Nun sind wir an dem Punkt angekommen, wo du dieses Buch hoffentlich gründlich gelesen und dir einige
Gedanken zu deinen Finanzen und deinem Sparpoten-
zial gemacht hast. Du solltest in der Lage sein, mit der
Vorlage auf der nächsten Seite ein realistisches Monatsbudget zu erstellen. Jährliche Ausgaben rechnest
du einfach geteilt durch 12.

Monatsbudget

Monat:		
Budgetpunkt	**Erwarteter Betrag**	**Eigentlicher Betrag**
Einkommen		
Lohn aus der Hauptbeschäftigung		
Lohn aus Nebenerwerb		
Investitionseinnahmen		
Total:		
Ausgaben		
Miete		
Haus/Wohnung Nebenkosten (Heizung, Wasser, etc.)		
Steuern		
Internet		
Telefon		
Sonstige Abonnements:		
Krankenkasse		
Arzt/Zahnarzt		
Transportkosten (ÖV, Benzin, Autoversicherung, etc.)		
Essen auswärts		
Lebensmittel		

Alkohol		
Snacks und Kaffee		
Aktivitäten (Ausflüge, Kino, Escape Room, Schwimmbad, etc.)		
Kleider, Schuhe, Accessoires		
Urlaub		
Sonstige Gebühren:		
Sonstige Anschaffungen:		
Sparquote von _____ % (Einnahmen minus Ausgaben)		

Wie findest du dieses Buch?

Falls dieses Buch hilfreich für dich war, würde es uns viel bedeuten, wenn du eine kurze, positive Rezension auf Amazon hinterlassen würdest. Vielen Dank! 😊

Bücher von Partnerautoren, die Dich interessieren könnten: